SPM 南方传媒
新世纪出版社
·广州·

前言

你们肯定想不到，在我小学时的一次数学考试中，我竟然拿到了103分！这可不是吹牛，我确实考出了比100分还多3分的成绩。这是怎么回事呢？事情是这样的：那次考试与以往不同，增加了20分“奥数附加题”。当时我第一次听到“奥数”这个词，并不理解它的含义，只记得“奥数附加题”很难，却很有趣，特别有挑战性。当我把全部附加题解答出来的时候，那种成就感，简直比玩一天游戏、吃一顿大餐还要快乐！

可以说我对数学和其他理科的兴趣，就是从解答奥数题开始的。越走近奥数，越能训练数学思维，这使我在面对小学数学，乃至初高中理科时更有信心。毕竟，大部分理科题，都有数学思维在起作用。

可是在我们那个年代，想要学好奥数并不容易，必须整天捧着一本满页文字和数学符号的课本。因此，大多数同学从一开始就被奥数的表象吓到了。如果有一套简单的奥数书，让大家都能感受到奥数的趣味，从此爱上数学，训练出出色的数学思维，那该多好啊！这套漫画书就是承载着我童年的小小愿望，飞跃了三十多年的时光出现在你们面前的。

真是遗憾，当年如果有这套书，估计全校至少一半的同学都能拿到那20分吧！希望小读者们能在我儿时梦想的书籍中，收获奥数的逻辑、数学的思维与求知的快乐！

老渔

2023年8月

目录

大魔术师

火柴棒游戏

我能用魔法把这些火柴棒都变没!
净吹牛，我才不信!

火——柴——消——失!

咦，那是什么?
扭头

变!
迅速收起
什么?

看，消失了吧!
哼，你肯定是趁我不注意把火柴棒藏起来了。

你这都是小把戏，看老爸给你们变一个厉害的!

你们仔细看，这个等式有什么问题吗？
41-112+111=42
这个等式是错的，不成立。

我，大魔术师，两秒钟就能让这个等式成立！

看我的厉害！
嗖
嗖

看，等式成立了吧！
41+112-111=42
好厉害呀！

爸爸一眨眼的工夫就使等式成立了，我都没看清楚呢，到底是怎么做到的？
哈哈哈，那我就告诉你们吧！其实我刚才只移动了2根火柴棒。

看着好像挺
简单的，但让我自己想，
我又想不出来。

我来给你们演示一遍！算式中有三个两位数和一个四位数，无论怎样加减都不能成为等式，所以需要先改变算式中数的位数。爸爸想到了使 1112 和 11 变为 112 和 111。

再把两个数之间的“+”去掉一竖变成“-”，就能得到“112 - 111”；同时，把去掉的一竖挪到41后面的“-”上，变“-”为“+”，整个算式变为41 + 112 - 111=42，等式就成立了。

虽然老爸这招也很厉害，但根本不是魔术嘛。我来让你们见识一下真正的魔术——火柴腾空术！

火——柴——
腾——空！

火柴棒游戏

摆法

数字摆法 1	0 1 2 3 4 5 6 7 8 9
数字摆法 2	0 1 2 3 4 5 6 7 8 9
运算符号	+ − × ÷ =

变化方法：

① 添加火柴
② 去掉火柴
③ 移动火柴

变化形式

使数的大小发生变化	使数的位数发生变化	使运算符号和数发生变化

生日礼物

• 数阵图 •

你家里怎么没人，他们该不会把你过生日的事忘了吧？
快闭上你的乌鸦嘴吧！
麦小乐家

哇，是礼物！我就说他们不能忘了我的生日，不知道是不是我喜欢的游戏机。
看大小，应该是。

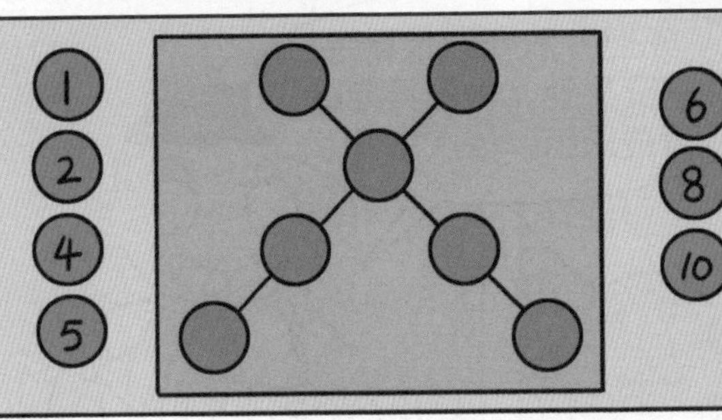

还有说明书呢，把 1、2、4、5、6、8、10 这七个数分别填入盒子的圆圈中，一个数只能填一次，如果每条直线上的四个数的和都等于 20，盒子就会自动打开。如果三次没能打开，盒子将和礼物一同锁死！

线和：20+20=40
数和：1+2+4+5+6+8+10=36
重叠数：40−36=4

（注：答案不唯一）

数阵图

概念

把几个数按照**和相等**的规则，填入**特殊图形**的指定位置，这种数的组合形式就叫**数阵图**。

解决数阵图问题，关键就在于找到**重叠数**。

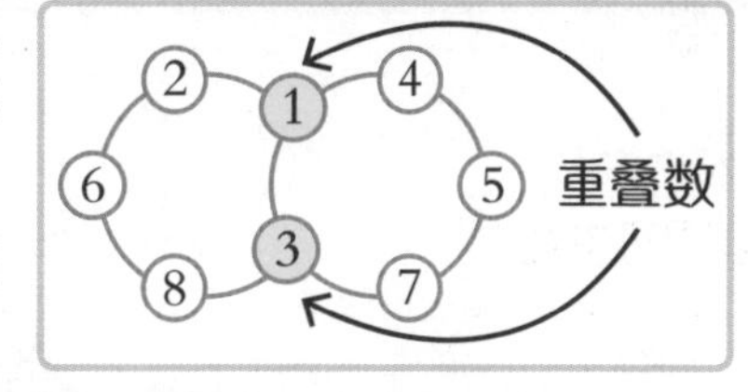

公式

数和 = 所有数相加　　线和 = 线的条数 × 每条线上数的和

重叠数 = 数和 − 线和

解题思路

① 求出数和：1+2+4+5+6+8+10=36。

② 数阵图中有两条直线，每条直线上数的和都是 20，所以能求出线和：2×20=40。

③ 运用公式，求出重叠数：40−36=4，填入交叉处的圆圈。

④ 通过尝试，将剩余的数分组填入其他圆圈。

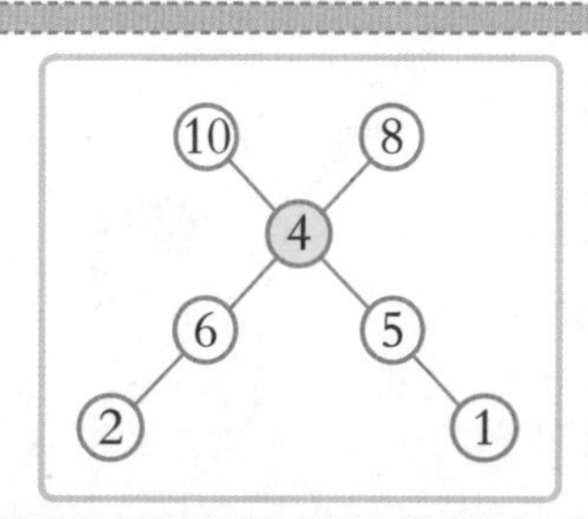

古代贵公子体验

•幻方•

爸爸，东小西要去参加这个体验营，我也想去，但是很贵。
体验古代儿童的生活

行，我帮你报名。
咦？老爸这次好爽快。

放学前，在教室里……
这衣服袖子真长……

麦小乐，你的服装呢？你不是也报名了吗？
对啊，难道我爸骗我？

校门口
体验古代儿童的生活
1000个人抽一个免费体验
我是报名了啊，报的是 1000 个人抽一个免费体验名额的那个……

丁零零——

啊？抽中我了？
万岁！明天可以去体验营玩啦！

这厢有礼，请做完这道题再进入营地。
体验营
做题？

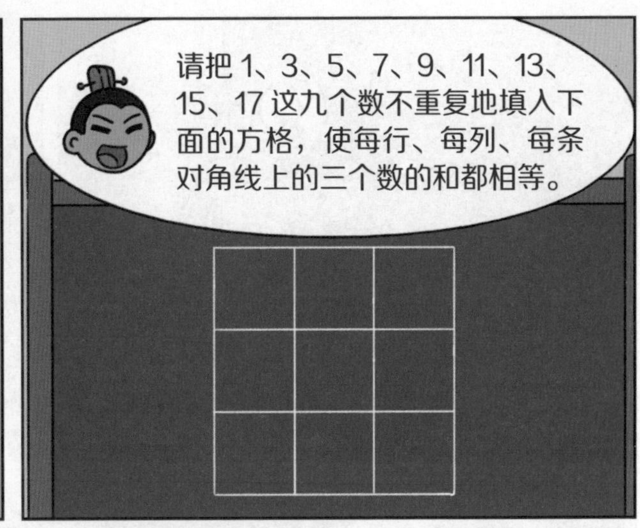
请把 1、3、5、7、9、11、13、15、17 这九个数不重复地填入下面的方格，使每行、每列、每条对角线上的三个数的和都相等。

这不就是数独吗？
这不是数独，而是幻方，中国传统游戏。古时在官府、学堂多见！

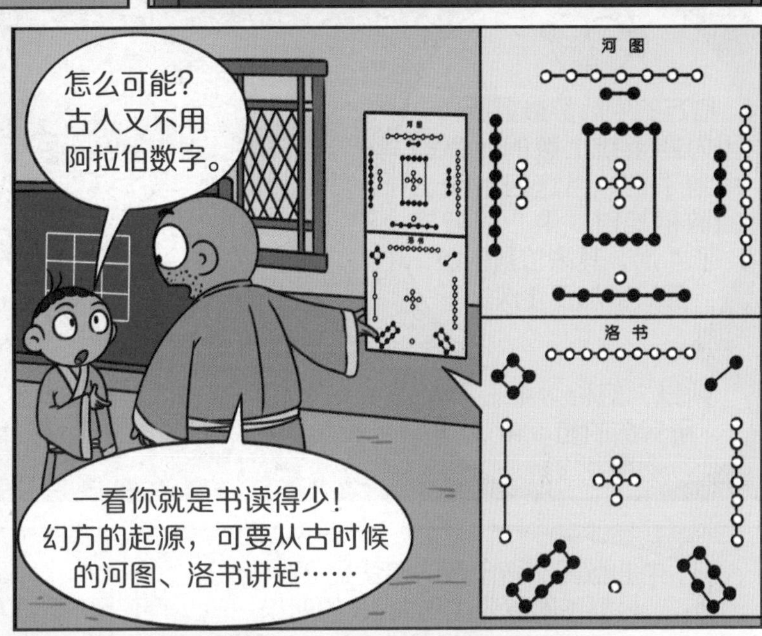
怎么可能？古人又不用阿拉伯数字。
一看你就是书读得少！幻方的起源，可要从古时候的河图、洛书讲起……
河图
洛书

请问，你们还做题吗？
做、做、做！

幻方的中心数最重要，因为四条线上数的计算都用到了它。当这四条线上的数相加时，中心数被加了4次，其余位置的数都只被加了1次。

所以，幻和 ×4 − 所有数的和 = 中心数 ×3。

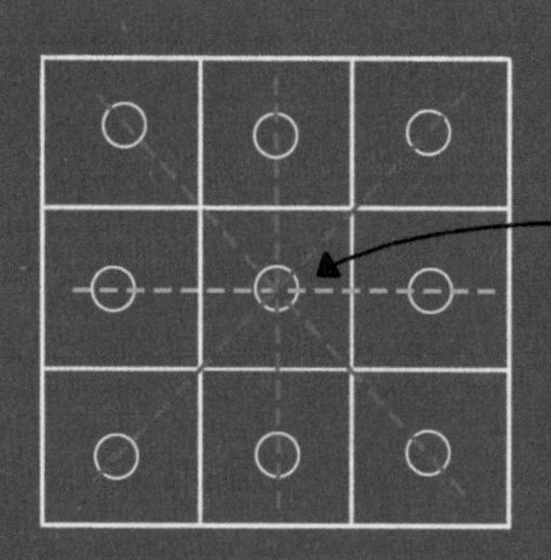

幻和×4−所有数的和=中心数×3

我知道了！因为所有数的和 = 幻和 ×3，所以幻和 = 中心数 ×3，中心数 = 27÷3=9。

幻方

概念

在一个正方形的格子中，每一**横行**、**竖列**、**对角线上**数的**和都相等**，这种数的组合形式就叫幻方。有几个横行，就叫几阶幻方。而每一横行、竖列、对角线上数的和则被称为“**幻和**”。

解决幻方问题，关键在于找到**中心数**。

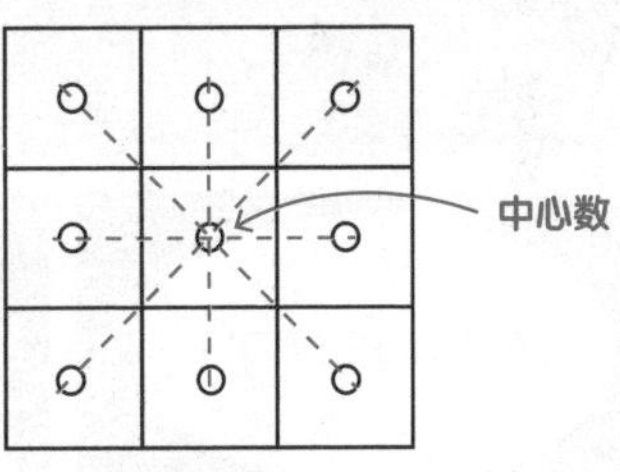

3×3 三阶幻方

公式

数和 = 所有数相加　　幻和 = 数和 ÷ 阶数

中心数 = 幻和 ÷ 阶数

解题思路

① 求出数和：1+3+5+7+9+11+13+15+17=81。

② 因为这是一个三阶幻方，所以能求出幻和：81÷3=27。

③ 运用公式，求出中心数：27÷3=9。

④ 知道除了中心数之外，每一横行、竖列、对角线上剩下的两个数的和都是：27−9=18。

⑤ 把剩余的 8 个数分为四组：1 和 17、3 和 15、5 和 13、7 和 11。勇敢尝试，分组填入。

神秘小木屋

巧填算符

这间小屋有些吓人，咱们还是再找个地方洗苹果吧。

有什么可怕的，我来保护你们！
我可走不动了，不然别洗了，直接吃吧。

有……有人吗？
这里好黑啊。

突然关上
啊！

糟糕，锁住了！

不要吃我，我昨天没洗澡，一点都不好吃！
呜呜呜，好恐怖，我们不会被怪兽吃掉吧？

不用紧张，我检查过了，这里没有什么怪兽。

呜呜——
肯定有怪兽，我听到哭声了！

啊——怪兽生气了，开始砸东西了！
啪！

那只是风声和被风吹掉的花瓶……你之前不是说要保护我们吗？
我……我在最后保护大家！

哥哥，你在干什么呀？
我在钻木取火，这里实在太暗了。
搓

打开

可是，我们有手电筒呀！
……

咦？这边有个后门。

你们看，有一串字符！
1 2 3 4 5 6=1

这里还有两个按钮，一个是加号，一个是减号。
这里面一定暗藏着开锁密码。
1 2 3 4 5 6=1

我知道了，这是让我们在数字中间填上加号、减号使等式成立！所以密码由五个加、减号组成。

那你能推断出密码是什么吗？
没问题，包在我身上！

因为计算结果是1，算式的最后一个数是6，所以可以考虑7-6=1，在6前面填“-”。
因为2+5=7，所以在5前面填“+”。我们接着想办法让1○2○3○4等于2，在前两个圆圈里填“+”，在4前面填“-”。
所以密码是“++-+-”。
（注：答案不唯一）

巧填算符

概念

在一些确定的数之间填上**运算符号**和**括号**，使运算结果等于一个给定的数，这种问题就是巧填算符问题。常用的运算符号包括**加号**、**减号**、**乘号**、**除号**，还有能改变运算顺序的**括号**。

＋ － × ÷ （ ） 先乘、除，后加、减，有括号先算括号里面的。

方法

倒推法	凑数法
从算式的最后一个数开始，从后往前，逐步推导。	先选出一个和结果比较接近的数，再用剩下的数进行调整。
算式的最后一个数是6，考虑7−6=1，在6前面填“−”；2+5=7，在5前填“+”；按此方法继续向前推导。	保留算式左侧的“1”不动，将剩下的数凑成0。在2、3、5前面填“+”，在4、6前面填“−”。

神奇隐身毯

•巧填数字•

这是我从一个外国商人那里买来的隐身毯，只要贴上八张数字芯片，再披上毯子就可以隐身。
真的假的？

虽然觉得不太可能，但试一试也没什么损失……

把这八张数字芯片贴纸按说明书贴到八个格子里，就可以启动隐身毯了。
说明书呢？快拿出来！

真不愧是朱大友，看说明书都能睡着……
我昨天上厕所的时候看说明书，结果刚打开就睡着了，说明书掉到马桶里被水冲走了。

我知道了！应该就是将这八个数分别填入格子里，使格子里的四个等式都成立。

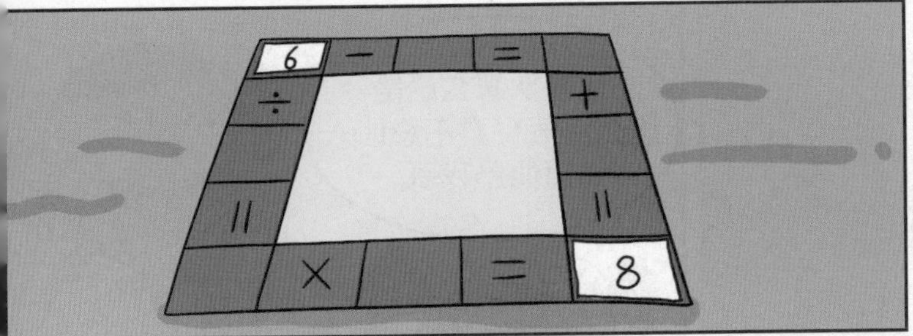
6 − =
÷ +
= =
× = 8

你怎么知道6和8在这两个位置?
因为任何数乘或除以1都等于它本身，这八个数不能重复填，所以除数和乘数都不能是1。
在1到8里面，只有6和8能分解成两个不同整数（不等于1）的乘积。

6可以分解成2×3，8可以分解成2×4，所以左下角应该填2。接着再把剩下的数填上就行了。
6 − 5 = 1
÷ +
3 7
= =
2 × 4 = 8

就是这样!
6 − 5 = 1
÷ +
3 7
= =
2 × 4 = 8

朱大友，你能看到我吗?
这也没隐身啊……不过可以逗逗他!
披上

啊！麦小乐，你在哪儿?我看不到你了!
真……真的看不到吗?

拿麦悠悠再试试……

这家伙怎么总是
这么淘气！真不想让人
知道他是我哥。

还是假装没看
见好了……
难道我真的
隐身了！

回到家中

咦，这不是老爸的
宝贝机器人吗？它的眼
睛是摄像头，我每次偷
玩都被抓住……

不过现在的我
无所畏惧！

麦小乐，你
干什么呢！
松手
啪！

巧填数字

将算式中缺少的数补充完整，或按照要求在运算符号已经确定的图或表中填数，就是数字游戏。

解题步骤

1 观察图形中给出的运算符号，判断可以从乘法和除法算式入手。

	−		=	
÷				+
=				=
	×		=	

2 6和8能分解成两个不同整数(不等于1)的乘积，所以被除数和积的位置填6和8。

6	−		=	
÷				+
=				=
	×		=	8

3 根据6÷3=2，2×4=8，将2填入左下角，将3和4填在相应位置。

6	−		=	
÷				+
3				
=				=
2	×	4	=	8

4 将剩下的1、5、7填入减法和加法算式，并进行检查。

6	−	5	=	1
÷				+
3				7
=				=
2	×	4	=	8

冰激凌餐券

• 横式算式谜 •

爸爸临时接到一点急活，你们两个好好在家写作业，我下午就回来。
好！

不许偷偷跑出去玩啊，否则这周末的作业又完不成了！

过了一会儿
这是东小西送我的冰激凌店餐券，我们出去吃冰激凌吧！
扔
可是我们答应爸爸，要在家写作业……

没关系，我们吃完就赶紧回来，爸爸不会发现的。
那好吧！

我们出发吧！

冰激凌店
阿姨，我们要吃冰激凌！

你们这两张券一张是 A 套餐券，一张是 B 套餐券。A 套餐是成人套餐，含有咖啡等不适合儿童的配料，B 套餐才是儿童套餐。
我出门时随手拿了两张，不知道里面还有成人套餐……

要不我帮你们把 A 套餐券换成 B 套餐券吧，差价可以退给你们！
太好了，能退我们多少钱？

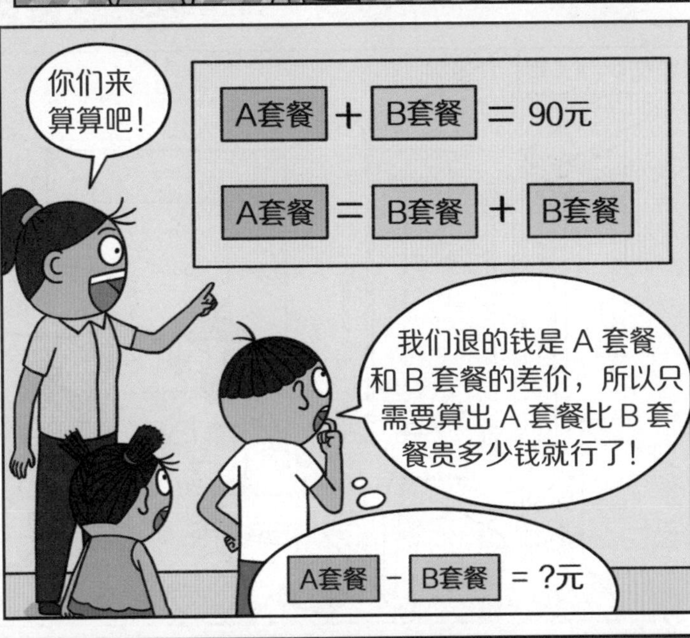
你们来算算吧！
A套餐 + B套餐 = 90元
A套餐 = B套餐 + B套餐
我们退的钱是 A 套餐和 B 套餐的差价，所以只需要算出 A 套餐比 B 套餐贵多少钱就行了！
A套餐 - B套餐 = ?元

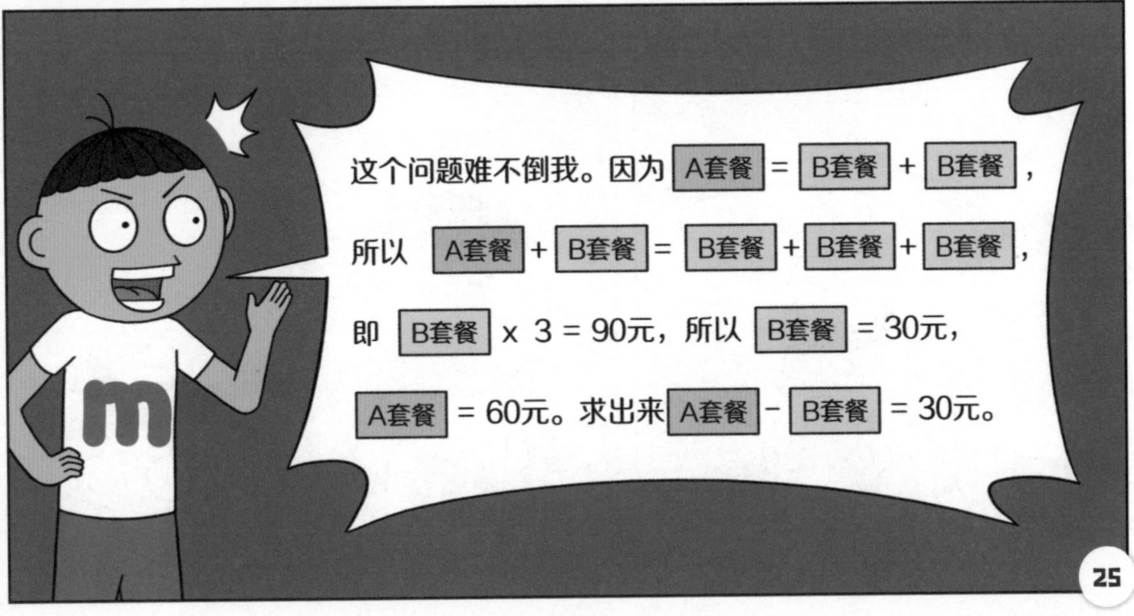
这个问题难不倒我。因为 A套餐 = B套餐 + B套餐，
所以 A套餐 + B套餐 = B套餐 + B套餐 + B套餐，
即 B套餐 x 3 = 90元，所以 B套餐 = 30元，
A套餐 = 60元。求出来 A套餐 - B套餐 = 30元。

阿姨，应该退 30 元，没错吧！
小朋友真聪明！

店里的二楼是冰激凌 DIY 室，这 30 元正好可以换两张体验券，你们要不要体验一下？
听起来很有意思！
那我们不退钱了，换成冰激凌 DIY 体验券吧！

冰激凌 DIY 室
哇，好酷！

这个冰激凌跟你好像啊。
我才没这么胖！

小乐！悠悠！

横式算式谜

概念

横式算式谜是指算式是**横式**形式，并且只给出了运算符号和一部分的数，有些数是用**图形或符号**来代替的。我们需要根据运算法则进行判断、推理，求出图形或符号代表的数，把算式补充完整。

解题思路

相同的符号代表相同的数，不同的符号代表不同的数。给出的两个算式都包含两种符号，可以考虑进行代换，只留其中一种。

算式①：A套餐 + B套餐 =90 元，
算式②：A套餐 = B套餐 + B套餐 。

将算式②代入算式①，得到：
B套餐 + B套餐 + B套餐 =90元。

计算可知，B套餐 = 30 元，
A套餐 =90 元 – B套餐 =60 元。
所以，A套餐 – B套餐 =
60 元 – 30 元 = 30 元。

小蜜蜂服装

•竖式算式谜•

收腹，深呼吸！

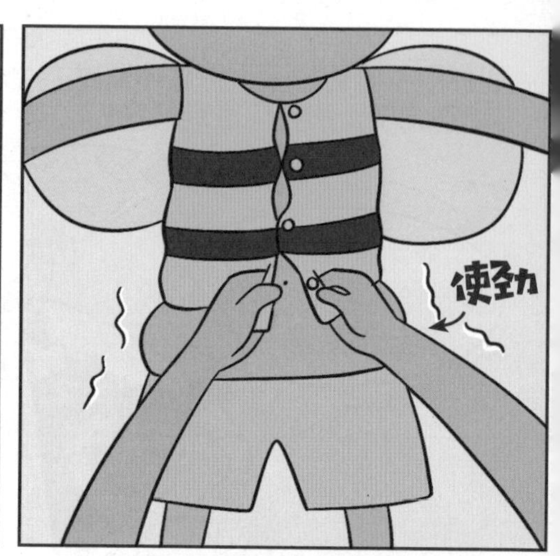
使劲

噗，感觉随时都会崩开的样子。

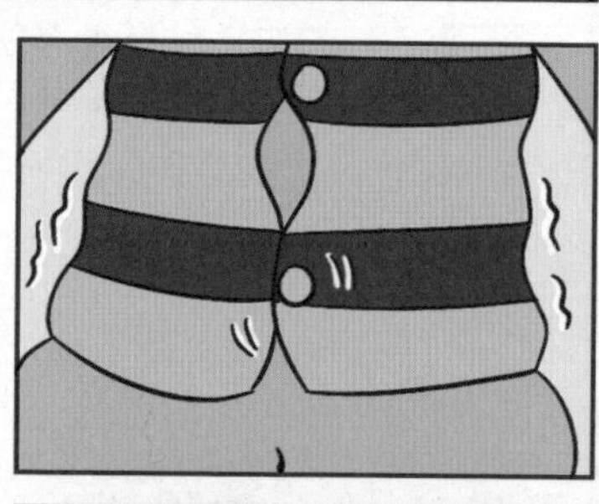

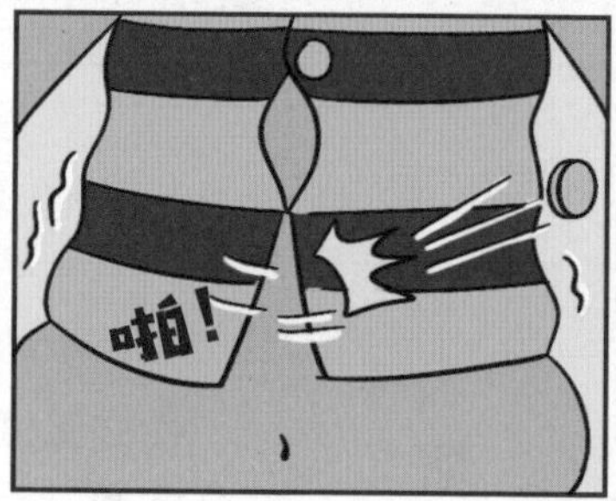
啪！

啊！
弹飞

看来你得买件大一码的衣服了。
可是我这个月的零花钱已经花光了。

哥哥，借我点钱吧。
你忘了，我最后的五块钱昨天给你买冰激凌了，不如我们去找老爸！

咦，我的钱包怎么空了……我还想买瓶可乐呢！
看来爸爸也没钱。

那我们去找妈妈吧。

这俩人写的字跟蚂蚁爬的一样！气死我了！
你确定要问妈妈？
还是算了吧……

翻找

要不用我的秋衣秋裤凑合一下？
……

商场
大减价

猜对谜题可以获得小蜜蜂服装一套
小蜜 小=?
+ 蜜蜂 蜜=?
蜜蜂蜜 蜂=?

看！今天服装城搞活动，答题就可以获得一套小蜜蜂服装！
猜对谜题可以获得小蜜蜂服装一套
小蜜 小=?
+ 蜜蜂 蜜=?
蜜蜂蜜 蜂=?
太好了！那我们赶紧解题吧！

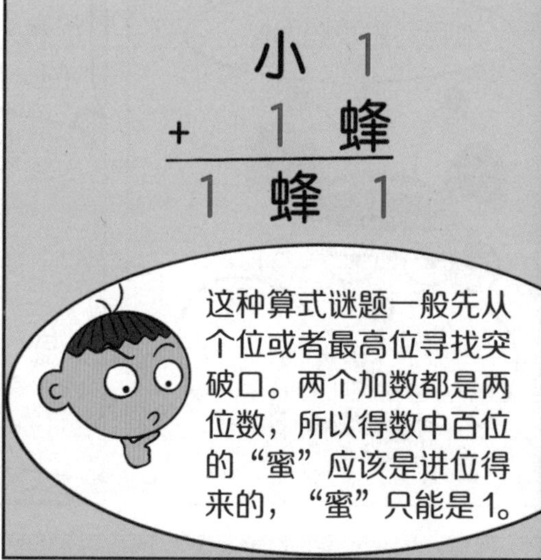

小 1
+ 1 蜂
1 蜂 1
这种算式谜题一般先从个位或者最高位寻找突破口。两个加数都是两位数，所以得数中百位的“蜜”应该是进位得来的，“蜜”只能是1。

现在就容易了。第一个加数个位上是1，和的个位也是1，那么“蜂”=0。将“蜜”=1、“蜂”=0 代入竖式，求得“小”=9。
9 1
+ 1 0
1 0 1
哥哥好棒！

这是你们的奖品。
谢谢阿姨！

竖式算式谜

概念

竖式算式谜是指给出一个列**竖式**计算的过程，但其中的一些数字被删掉了，或是把一些数字用**图形或符号**进行代替。我们需要推理出缺失的数字，将竖式补充完整并正确计算。

解题思路

在算式谜中，相同的汉字代表相同的数字，不同的汉字代表不同的数字。一般可以从个位或最高位寻找突破口。

①两个加数是两位数，所以得数中百位的“蜜”应该是进位得来的，“蜜”只能是1。

```
   小 1
+  1 蜂
--------
 1 蜂 1
```

②第一个加数个位上是1，和的个位也是1，那么“蜂”=0。

```
   小 1
+  1 0
--------
 1 0 1
```

③ 将“蜜”=1、“蜂”=0代入竖式，求得“小”=9。原式为91+10=101。

```
   9 1
+  1 0
--------
 1 0 1
```

橘子换火锅

• 等量代换 •

爬山途中
这是什么亲子徒步野营啊，这只是我一个人的训练吧，太累了。
睡着的麦悠悠
等到了营地，就有好吃的了。

教练不是说，只给我们准备了馒头和野菜吗？
醒来
嘿嘿，爸爸有先见之明，带了一大包零食！

到达营地
哈哈，我要吃自热火锅！
爸爸，我要吃面包！
我要喝饮料！

帐篷里
奇怪，包里都是衣服啊。
零食呢？

看来拿错了……装着零食的那个背包忘在后备厢里了。
倒地

还好这边有一棵橘子树，我问了教练，可以随便摘。

爸爸，我觉得我的脸都吃黄了。
我觉得我的牙都要酸掉了。
有的吃就不错了……

哇，什么味道，这么香？
有人在吃好吃的！

让我看看……

是自热火锅！

我们带了爸爸，却仿佛什么都没有带。
这些哥哥自己参加露营，都带了这么多吃的。

要不……你们两个小朋友去向他们借个自热火锅吧？爸爸就不好意思去了。

老爸，多少个橘子能换1个自热火锅呀？

4个橘子换1瓶饮料，3瓶饮料换1袋面包，由前面两个等式得出，1袋面包可以由3×4=12（个）橘子来换。最后一个等式中，2袋面包等于12×2=24（个）橘子，所以1个自热火锅就等于24个橘子！

哇，快数数刚才摘的橘子，看我们可以换多少自热火锅！

一个都换不了！我们刚才吃了一些橘子，现在还剩22个。

那我们再去摘几个啊！

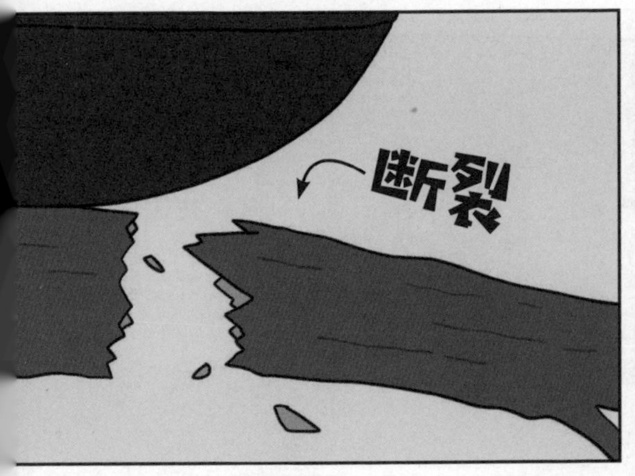

等量代换

概念

用一种量来代替和它相等的另一种量，叫**等量代换**。用等式的性质来体现就是等式的**传递性**，即如果 $a=b$，$b=c$，那么 $a=c$。

如果 ● = ●●●， ● = ●●，

那么 ● = ●●●●●●。

方法

桥梁法	打包法	标数法
找到等式中充当“桥梁”的物品，通过消除“桥梁”的方式，得到新的等量关系。	将多个物品打包成一个整体，以整体的形式进行换算。	先找到最基础、最轻的物品，给它标上“1”，再分别换算出其他所有物品代表的数。

汉堡运算

• 定义新运算 •

怎么办……《肥猫侦探》漫画上新了，可是我的钱不够！
唉，我也快没钱了……什么时候才发零花钱啊？

想不想跟爸爸玩个小游戏呀？可以使你们的零花钱变多哟！
零花钱变多，真的吗？
我要玩，我要玩！

首先，你们要在 A 盒子和 B 盒子里各放一些钱。
好！
A
B
A

5
5
A
B

10
1
A
B

接着，我们要使用神奇的汉堡运算了！

只听过加、减、乘、除运算，怎么还有汉堡运算？
汉堡运算是我自己定义的，因为我喜欢吃汉堡，就起名为汉堡运算了。

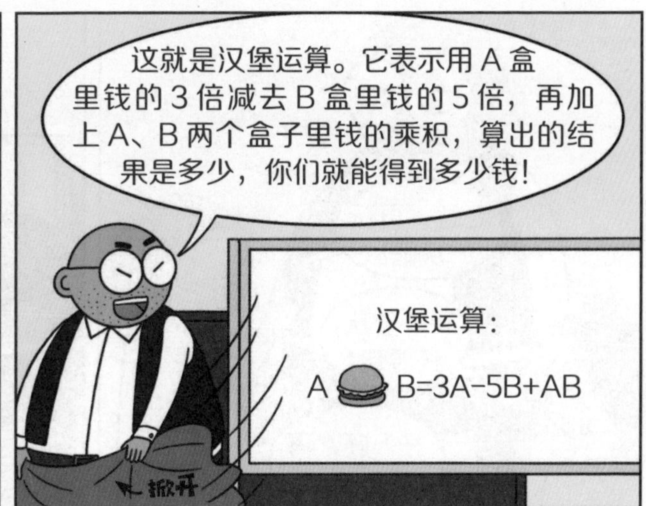

这就是汉堡运算。它表示用A盒里钱的3倍减去B盒里钱的5倍，再加上A、B两个盒子里钱的乘积，算出的结果是多少，你们就能得到多少钱！
汉堡运算：
A B=3A-5B+AB
掀开

悠悠的A盒里是5元，B盒里是5元，所以A=5，B=5。代入到汉堡运算，就是5 5=3×5-5×5+5×5=15（元）。
3×5-5×5+5×5=15

小乐的A盒里是10元，B盒里是1元，所以A=10，B=1。代入到汉堡运算，就是10 1=3×10-5×1+10×1=35（元）。
A
3×10-5×1+10×1=35

好了，给悠悠15元，给小乐35元。
哇！
零花钱真的变多了！
15元
35元

老爸，再玩一次吧！
我还要玩，还要玩！
好，好，再玩一次。

这次，我们不用汉堡运算了，你们自己定义一个运算吧！
自己定义？
没问题！

哥哥，我们写一个什么样的算式呢？
我猜，算式越复杂，算出来的钱就越多。我们就写一个超级复杂的算式！

A B=4×（AB-2B）+2×（2A-2AB+3B）
这是我们定义的超级巨无霸汉堡运算！

我们把所有的钱都放进去，最后得到的钱咱俩平分！
好！
A
B

定义新运算

概念

规定一种新的运算符号（如※、△、○、%等），让它具有某种特定的意义，能形成新的运算，就叫定义新运算。

方法

在解答定义新运算类的题目时，要严格按照新定义的规则，将数值代入其中，把新运算变成熟悉的加减乘除运算，求出最后结果。

在本故事中，定义的超级巨无霸汉堡运算为：

A 🍔 B=4×(AB−2B)+2×（2A−2AB+3B）

将A=32、B=64代入其中，则

A 🍔 B=4×（32×64−2×64）+2×（2×32−2×32×64+3×64）=4×1920−2×3840=7680−7680=0。

疯狂的小蜜蜂

•弃九法•

下午我要带个朋友回家，到时候家里一定要收拾干净啊。
好，好，放心吧。

砰！

攻击那只蜜蜂怪！
嘟嘟——嘟嘟——
准备——攻击！

啊——我受伤了！

是妈妈的电话，您快来接一下！
丁零零！

喂，妈妈……您到小区了？
什么？！这么快！

让妈妈去
买点什么，拖延
一下时间。
好。

哥哥让我拖……
哦不，让您去小
超市买一双拖鞋
回来……
啊？拖
鞋？好……

天哪！这么乱，
怎么收拾呀……

有了，把这些
乱七八糟的东西全都
塞到玩偶服里！

我没带钥匙，
来开下门！
啊！怎么
这么快！

想办法再拖
延一下时间！
好，好
吧……

妈妈，呃……为了
惩罚您不带钥匙，您
要答对我的问题才
能进来。
趣味谜
题书

怎么这么多
花样？行吧，
你说。

请说出
813625492574
这个数被 9 除之后，
余数是几！
悠悠好样的，
这足够妈妈算
一会儿了！

是 2！
怎么答得
这么快？！

813625492574
余数
很简单啊，
一个数各个数位
上的数字之和被 9
除余数是几，那么
这个数被 9 除的余
数也一定是几。
813625492574
这个数的数位比较多，
求数字和比较麻烦。我们
可以将和为 9 或 9 的倍数
的数字组划掉，看最后
剩下几，余数就是几。

行了，快
开门吧！

弃九法

概念

将和为**9或9的倍数**的数字划掉，用剩下的数字之和求除以9的余数的方法，叫弃九法。一个数各个数位上的**数字之和**被9除后余数是几，那么**这个数**被9除的余数也一定是几。

方法

如果一个数的数位较多，计算所有数字之和比较麻烦，可以将和为9或9的倍数的数字划掉。

- 如果没有剩余数字，证明原数能被9整除。

  8136549

  没有余数

- 如果剩余数字相加小于9，余数就是剩余数字的和。

  8133549

  余数：3+3=6

- 如果剩余数字相加大于9，剩余数字的和除以9的余数也是原数除以9的余数。

  8138549

  (3+8)÷9=1……2，余数为2

图书在版编目（CIP）数据

数学超有趣. 第3册, 数字游戏 / 老渔著. — 广州：新世纪出版社, 2023.11

ISBN 978-7-5583-3969-1

Ⅰ. ①数… Ⅱ. ①老… Ⅲ. ①数学－少儿读物 Ⅳ. ①O1-49

中国国家版本馆CIP数据核字（2023）第180018号